金可默 主编

鲜食玉米科普
100问

化学工业出版社
·北京·

内容简介

本书从鲜食玉米常识篇、鲜食玉米种植技术篇、鲜食玉米产业篇三部分全面介绍了鲜食玉米的各类问题，深入探讨了鲜食玉米的全产业链，从生产种植、保鲜加工到市场销售，为读者提供了完整的生产运营指导。同时，结合最新的研究数据和实际生产经验，本书既有科学的理论依据，又有操作性强的生产管理建议，确保内容的实用性和可靠性。本书可供鲜食玉米种植者、种植专业人员（包括企业、农场、农户）以及科研人员阅读参考。

图书在版编目（CIP）数据

鲜食玉米科普100问 / 金可默主编． -- 北京 ： 化学工业出版社，2025．7． -- ISBN 978-7-122-48720-9

Ⅰ．S513-49

中国国家版本馆CIP数据核字第2025G3N981号

责任编辑：李建丽
责任校对：李露洁
装帧设计：张　辉

出版发行：化学工业出版社
　　　　　（北京市东城区青年湖南街 13 号　邮政编码 100011）
印　　装：大厂回族自治县聚鑫印刷有限责任公司
710mm×1000mm　1/16　印张 4　字数 38 千字
2025 年 10 月北京第 1 版第 1 次印刷

购书咨询：010-64518888　　　　售后服务：010-64518899
网　　址：http://www.cip.com.cn
凡购买本书，如有缺损质量问题，本社销售中心负责调换。

定　　价：35.00元

鲜食玉米科普 100 问

作 者 名 单

主　编　金可默

参　编　焦　点　李佩颖　王靖雯

　　　　李光达　陈　欢　王　开

前　言

　　鲜食玉米作为一种兼具粮食、蔬菜与水果属性的特色农产品，近年来在我国农业领域展现出强劲的发展势头。其丰富的营养价值、优质的口感体验以及广阔的市场前景，使其成为农业供给侧结构性改革中的重要一环，也是推动绿色农业发展的典范之一。当前，我国正处于农业结构调整与绿色发展的关键阶段，鲜食玉米作为高效、绿色、健康的农产品代表，其种植技术对推动农业供给侧结构性改革、助力乡村振兴具有重要意义。本书通过深入探讨鲜食玉米的育种创新、种植技术优化、加工增值与市场拓展，不仅展示了鲜食玉米的科学内涵与实际应用，更提出了产业发展的新方向与新模式。

　　《鲜食玉米科普100问》一书以鲜食玉米全产业链为核心，从基础知识到种植技术，从加工储运到市场拓展，全面覆盖鲜食玉米产业的关键领域。全书共3篇，第一篇，概述鲜食玉米常见知识；第二篇，介绍鲜食玉米田间种植管理技术；第三篇，介绍鲜食玉米产业情况。本书通过问答形式，将复杂的专业知识化繁为简，兼顾科学性与实用性，为农业从业者提供操作指南，为科研人员与政策制定者提供理论支持，同时也为普通消费者揭开鲜食玉米的神秘面纱，满足多元化的知识需求。本书的出版，不仅为农业科研工作者提供了理论指导，也为广大种植户和企业中从事鲜食玉米生产、加工和销售的人员提供了宝贵的实践经验。同时，它还能够激发消费者对鲜食玉米的认识与喜爱，助力鲜食玉米在国内外市场中的推广与普及。希望通过阅读本书，读者能够全面了解鲜食玉米产业的现状与前景，共同推动鲜食玉米产业迈向高质量发展的新高度。

编者

2025年4月

目　录

第二篇　鲜食玉米种植技术篇 　15

第三篇　鲜食玉米产业篇　　29

鲜食玉米科普100问

第一篇　鲜食玉米常识篇

1. 什么是鲜食玉米?

鲜食玉米是一种具有特殊风味和优质口感的嫩玉米类型，是禾本科玉米属作物的果实，通常采收于乳熟期，因此也被称为果蔬玉米、水果玉米或菜用玉米。与普通玉米相比，鲜食玉米在甜度、糯性、嫩度及香气上都有显著提升，适合直接食用或加工成风味鲜明的食品。由于其品种特性，鲜食玉米在食用体验和营养成分方面独具优势，广受消费者喜爱。鲜食玉米富含维生素、矿物质和膳食纤维，是果蔬与主食的结合，适合不同年龄阶段的人群食用。

2. 鲜食玉米起源于何时何地?

甜玉米的栽培起源可以追溯至美洲。1779年，欧洲殖民者从美洲的易洛魁人那里获得了一种叫"Papoon"（或"Seneca Papoon"）的甜玉米，这是世界上最早有文字记录的甜玉米品种。随着甜玉米的逐渐传播，1924年美国育成了首个杂交甜玉米品种，推动了甜玉米的现代育种技术进程。我国在甜玉米育种方面起步较晚，在1968年，北京农业大学（现中国农业大学）成功育成了"北京白砂糖"品种，这一成果标志着我国甜玉米研究的开端。

3. 我国鲜食玉米60年发展历史是怎样的？

· 20世纪60年代：1968年，北京农业大学（现中国农业大学）成功育成了我国第一个甜玉米品种"北京白砂糖"，这是我国甜玉米研究的起点。在"六五"期间，甜玉米被首次纳入国家玉米育种攻关计划，获得了政策层面的支持，为后续的研究提供了基础。

· 20世纪80年代：在国家政策和科研推动下，甜玉米育种工作逐步步入正轨，培育出"苏玉糯1号""中糯1号"和"垦糯1号"等早期鲜食糯玉米品种，为鲜食玉米的推广奠定了基础，这一阶段的品种兼具适应性和产量优势。

· 20世纪90年代：甜玉米育种在国内进一步扩展，国内科研机构和企业引进了优质的国外甜玉米品种，逐渐实现了自主创新，尤其是在超甜玉米和强化甜玉米方面，培育出超甜玉米"超甜20""甜玉4号"和强化甜玉米"甜单8号""中甜2号"等品种，为市场提供了更多选择。

· 进入21世纪以后：全国农业技术推广服务中心正式将鲜食玉米的种植区域试验和审定方法列入国家标准，要求根据玉米的收获类型和用途进行品种试验。截止到2019年，国内通过国审的鲜食玉米品种已达226个，这表明我国鲜食玉米产业的快速发展和市场对优质品种的巨大需求。

4. 鲜食玉米有哪些种类?

鲜食玉米根据不同的品种类型、籽粒特性和用途可分为甜玉米、糯玉米、甜加糯玉米和玉米笋。根据籽粒颜色，又可进一步分为黑色、紫色、黄色和白色等不同类型。我国的白色鲜食玉米尤为普遍，具有品质优、适应力强、产量高的特点，是鲜食玉米市场上的主要品种；而黄色玉米中含有丰富的胡萝卜素，营养价值突出，是传统的鲜食玉米品种。近年来，彩色鲜食玉米因其多样的色彩和独特的口感受到市场青睐，彩色鲜食玉米籽粒含有天然色素，外观美观，同时富含花青素等抗氧化成分，营养价值高，逐渐成为消费者喜爱的产品。

5. 鲜食玉米有哪些特性?

鲜食玉米的生育期一般为70至90天，通常在乳熟后期至蜡熟初期采收，其籽粒富含水分且质地嫩滑，因此比普通玉米的口感更佳，营养更丰富。与籽粒用玉米相比，鲜食玉米的种植周期短、经济效益高，含糖量相对较高。其产品主要以鲜果穗和速冻果穗形式销售，可作为水果、蔬菜食用，具有显著的市场竞争力。

6. 鲜食玉米是粮食还是蔬菜?

根据"蔬菜主要品种目录"的分类，鲜食玉米被归为"多年生及杂类蔬菜"，因此常被称为"蔬菜玉米"。在"商品和服务税收分类编码表"中，鲜食玉米则被视为谷物。从经济价值来看，鲜食玉米被列为世界十大高档蔬菜品种之一，具有广阔的国际市场前景。作为罐头原料，甜玉米的生产量在各类蔬菜类罐头中仅次于芦笋罐头，显示出较强的市场需求。

7. 籽粒用玉米和青贮玉米有哪些用途？

·籽粒用玉米：主要用于粮食、饲料及部分工业产品，是国内玉米种植面积最大的用途类型，占全国玉米种植面积的90%以上。

·青贮玉米：在青贮玉米的种植中，整个植株连同玉米穗一起收割、粉碎，经发酵后制成牲畜饲料，广泛用于北方牧区的牛羊饲养。

8. 鲜食玉米中的甜玉米为什么这么甜？

甜玉米之所以甜，是因为其第四条染色体上控制淀粉合成的基因发生变异，使得葡萄糖无法完全转化为淀粉，从而在籽粒中积累了较多葡萄糖。同时，鲜食玉米在第三条染色体上发生的基因突变，增加了籽粒的蔗糖含量，使甜度高达15% ~ 20%，总含糖量约为27% ~ 40%。因此，鲜食玉米特别适合作为直接食用的"水果玉米"，口感甜美。

9. 鲜食玉米为什么有不同的颜色？

鲜食玉米颜色的多样性主要源于基因的天然突变。例如，黑色或紫色鲜食玉米中含有天然的抗氧化剂——花青素，具有一定的健康价值。这类玉米果皮的颜色不会对人体健康产生影响，且该色素会暂时附着于皮肤或牙齿，属天然成分而非人工色素。彩色鲜食玉米因含有胡萝卜素、花青素等天然色素，在市场上逐渐受到消费者的青睐。这些颜色均由玉米自身基因所决定，而非通过转基因技术或色素注入产生。

10. 鲜食玉米是转基因品种吗？

鲜食玉米并非转基因品种，都是通过传统的杂交育种手段选育而成的。当初培育鲜食玉米时，转基因技术尚未问世。鲜食玉米的育种主要利用玉米自身的自然基因变异，通过常规的杂交技术进行优化，从而获得甜、糯、嫩等独特的品质。转基因技术的首次成功应用发生在1983年，当时美国科学家成功培育了转基因烟草，这是世界上第一个转基因植物。因此，鲜食玉米的培育过程并不涉及外源基因的转入，而是依赖自然变异和基因选择。

11. 鲜食玉米的生长周期是什么？

鲜食玉米的生长周期指的是从播种到新种子成熟的全过程。这个周期可分为四个主要阶段：播种期、出苗期、拔节期和成熟期，每个阶段包含多个生育时期。鲜食玉米在这些生育期中逐渐形成和发育，各阶段的发育特征和生理状态既各有差异，又紧密相连。这些不同的阶段和时期直接影响玉米的质量和产量，使得每个生育时期都尤为重要。

12. 鲜食玉米生长周期中的关键生育时期有哪些?

鲜食玉米的生长周期可以进一步分为多个关键生育时期。

·播种期:播种玉米的时期,标志着生长周期的开始。

·出苗期:田间50%的幼苗长到约2厘米高的时期,是幼苗生长的重要标志。

·拔节期:田间50%的植株基部节间开始伸长、雄穗生长锥开始发育,标志着植株进入快速生长期。

·小喇叭口期:植株约13片叶片形成,9片叶片完全展开,上部叶片呈现小喇叭口状,雄穗和雌穗进入快速分化期。

·大喇叭口期:棒状叶大部分伸出但未完全展开,心叶形似大喇叭口状,雄穗四分体形成,雌穗小花开始分化,此期通常在抽雄前10天左右。

·抽雄期:田间50%的植株雄穗主轴顶端伸出3~5厘米,标志着玉米的生殖生长进入活跃期。

·开花期:田间50%的植株雄穗小穗开花的时期。

·吐丝期:田间50%的植株雌穗的花丝从苞叶中伸出1~2厘米。

·成熟期:田间50%的植株第一雌穗籽粒达到固有形状和颜色,种子尖端形成黑色层。

·收获期:实际收获时期,通常在籽粒达到生理成熟后进行。

13. 鲜食玉米是长日照作物还是短日照作物?

鲜食玉米是一种典型的短日照植物,在日照时间不超过12小时的环境下能够快速生长,成熟期提前,开花和结实时间更为适宜。若日照时间过长则会延迟开花，甚至影响结穗。在8～10小时的短日照条件下，鲜食玉米可以正常开花结实。玉米属于碳四植物，具有较高的光合效率，其光饱和点较高，叶片光合强度（二氧化碳吸收量）一般可达35～80mg/（dm^2·叶·h），在强光条件下的生长表现尤为出色。

14. 鲜食玉米植株由哪些器官组成？

鲜食玉米植株的结构复杂，由根系、茎、叶、花序和果实五大主要器官组成，每个器官的作用各不相同：

·根系：主要用于从土壤中吸收水分和养分，并为植株提供固定和支撑。

·茎：支撑整个植株的结构，并通过维管组织运输水分和养分至其他部位。

·叶片：叶片进行光合作用，吸收太阳光并生成有机物质，供给植株生长所需。

·花序：包括雄穗和雌穗，雄穗负责花粉生产，雌穗产生籽粒。

·果实：由玉米穗组成，果实保护种子并储存营养，为下一代萌发提供支持。

15. 鲜食玉米的种子由哪几部分组成？

鲜食玉米的种子主要由种皮、胚和胚乳三部分构成，每个部分在种子的发育中都起着关键作用：

·种皮：由纤维素构成，与果皮紧密相连，包裹种子，约占种子总质量的6%～8%。种皮光滑坚韧，可有效保护种子免受机械损伤并防止病虫害的侵袭。

·胚乳：位于种皮内部，由糊粉粒和大量蛋白质构成。胚乳又分为粉质胚乳和角质胚乳，占种子总质量的80% ~ 85%，是种子萌发时的主要营养来源。

·胚：胚是种子的最重要部分，由胚根、胚芽、胚轴和子叶组成。胚根和胚芽顶端具有生长点，在种子萌发时这些细胞会迅速分裂，形成新植株的根和茎，胚轴在萌发过程中则形成幼根或幼茎，为新植株的发育提供基础。

16. 鲜食玉米的种子为什么是瘪的？

鲜食玉米种子较为干瘪，主要是因为鲜食玉米籽粒中的淀粉含量较低。相比普通玉米，鲜食玉米的籽粒糖分含量更高，淀粉在籽粒中的积累不足，导致种子不如普通玉米那样饱满。这种特性也使鲜食玉米的口感更甜嫩，适合直接食用或加工为风味独特的食品。

17. 什么是鲜食玉米种子的休眠和萌发？

鲜食玉米种子从吸水膨胀到萌发成苗，是一个连续且渐进的过程。通常根据萌发过程的特征将其划分为四个阶段：吸胀、萌动、发芽和幼苗形态建成。在种子发育过程中，种子的水分逐渐减少，鲜重先上升后下降，干重则持续上升直至生理成熟。种子活力在种子发育期间形成，通常在授粉后15天左右，鲜食玉米种子具备一定的萌发能力，同时具备耐脱水的特性。然而，若在此时采收并干燥处理，种子发芽苗会较弱，难以形成正常的幼苗。授粉后25天左右，当种子内部的储藏物质积累充分，萌发后即可生长为正常的幼苗，其活力指数在生理成熟期达到最高水平，然后逐渐下降。大粒品种的种子活力普遍高于小粒品种，而杂交种的活力指数显著高于其亲本，表现出明显的杂种优势。同时，种子休眠的解除与呼吸作用有关，去除种皮可促进鲜食玉米种子的萌发。干燥处理有助于解除休眠，赤霉素和过氧化氢处理在一定程度上也能促进鲜种子休眠的解除，但低温处理对鲜食玉米种子的休眠影响不大。

18. 鲜食玉米的根有哪几种类型？

鲜食玉米的根系由不同类型的根组成，各种根的功能各异，包括：

·胚根（种子根、初生根）：位于根茎（地中茎）的下端，由1条主胚根和3～7条侧胚根组成，负责种子萌发初期的吸收和支持。

·次生根：生长于根茎上端的地面以下茎节处，一般为3～5层，其中第一层位于胚芽鞘节上。次生根在玉米后期生长中提供主要的吸水吸肥功能。

·气生根（支持根）：生长于地面以上的茎节上，通常有2～3层。这些根在植株后期生长中支撑玉米茎秆，也能吸收空气中的湿气，增强植株的稳定性。次生根和气生根均属于节根和不定根，具备永久性。

19. 如何评价鲜食玉米的感官品质？

鲜食玉米的感官品质指其在外观、口感等方面的综合特征，主要包括外观性状、色泽、籽粒排列、饱满度和柔嫩性、口感、种皮厚度等六项指标。理想的鲜食玉米外观应具备穗型和粒型一致、籽粒饱满、排列整齐紧密，乳熟期籽粒具有光泽，苞叶包裹完整，呈新鲜嫩绿色，籽粒柔嫩且皮薄，并且无秃尖、虫害、霉变或机械损伤。对于鲜食玉米的感官品质，通常从种皮嫩度、籽粒糖分含量、水分含量等方面进行评估。研究表明，籽粒的嫩度、甜度和风味是衡量鲜食玉米品质的核心因素。糖分含量，特别是水溶性多糖（WSP）含量，以及WSP与不溶性成分的比率直接影响籽粒的品质和适口性。超甜玉米的果皮柔嫩性直接决定了其食用品质，因此果皮厚度较薄的品种在口感上更受欢迎。风味主要由糖分，尤其是WSP含量决定，WSP是一种高度分支的小分子淀粉，溶于水。糯性也是鲜食玉米风味的重要组成成分，糯玉米因其质地黏软、甜美而优于普通玉米，鲜食玉米因其香甜、黏软、皮薄、口感细腻而备受消费者喜爱。

20. 鲜食玉米如何满足现代健康需求？

鲜食玉米通常指水果玉米和糯玉米，兼具粮、果、蔬三类食物的特性，因此不仅能作为主食食用，也可以当作水果或蔬菜享用。鲜食玉米被誉为第三大蔬菜作物，既可生食也可熟食，其中甜玉米口感清甜爽脆，且富含多种营养成分。鲜食玉米脂肪含量低、不含胆固醇、不含饱和脂肪酸，是维生素C的良好来源，且易于人体吸收。它还含有膳食纤维和抗氧化剂，有助于保持健康，对于注重低脂、低糖健康饮食的人群具有极大的吸引力。

21. 鲜食玉米有哪些营养成分及价值？

鲜食玉米作为一种粗粮，不仅营养丰富而且成分均衡，是健康饮食的理想选择。它含有丰富的淀粉和蛋白质，同时还富含可溶性糖、氨基酸、多种矿物质、维生素及大量膳食纤维。相比传统的米面主食，鲜食玉米的升糖指数较低，接近于某些果蔬的水平，因此糖尿病患者也可以适量食用。不同颜色的鲜食玉米在营养成分上有所差异。例如，黄玉米富含 β-胡萝卜素和玉米黄质，有助于视力健康和免疫力提升；黑紫色玉米含有大量的花青素，这是一种强效抗氧化剂，有助于细胞抗氧化，预防心血管疾病并延缓衰老。甜玉米因其糖分主要以蔗糖、还原糖和水溶性多糖的形式存在，淀粉合成受阻。蔗糖和水溶性多糖会缓慢水解生成葡萄糖，升糖速率较低。

22. 如何挑选鲜食玉米？

选择新鲜的鲜食玉米时，可以根据以下方法来判断其品质。

·鲜食甜玉米：

尝：优质的甜玉米甜度高，食后齿间留香，口感爽脆多汁，皮薄无渣。

掐：新鲜的甜玉米含水量足，用手指轻轻一掐即可出水。

·鲜食糯玉米：

看：外观苞叶紧实鲜绿，玉米须完好新鲜，果穗柄切口新鲜，籽粒排列整齐饱满，表面有光泽，为新鲜玉米的特征。

握：用手握住果穗，感觉苞叶紧实饱满且籽粒有弹性，说明品质较好。

撕：轻轻撕开苞叶，用指甲掐玉米粒，若籽粒饱满且稍有汁液渗出，则为佳品。

掰：掰断果穗观察横断面，籽粒深且玉米轴细的品质更优。

· 甜加糯玉米：

看：籽粒排列整齐无裂痕，饱满且有光泽的玉米更为新鲜。

掐：用手指轻掐玉米粒，若略有白浆渗出，表明玉米正处于最佳食用期。

尝：轻剥一粒果穗上的籽粒，甜度佳且口感好，说明玉米比较新鲜。

23. 鲜食玉米的正确食用方法有哪些？

鲜食甜玉米：适合鲜食、蒸煮、微波加热或榨汁等。烹饪时避免采用煮普通玉米的方法，以免营养流失至水中，影响甜玉米的风味与营养。冷冻甜玉米无需解冻，冷水下锅煮开即可。

鲜食糯玉米：适合蒸、微波加热，也可制作烤玉米、糯玉米沙拉、糯玉米排骨汤、什锦糯玉米粒等多样化的料理。

甜加糯玉米：可蒸、煮、微波加热，或用于炒菜、煮羹，增加餐桌的口味多样性。

24. 鲜食玉米家庭保鲜技巧有哪些？

鲜食玉米采摘后代谢旺盛，糖分转化很快，极易失水变质。为延长保存时间，家庭可以在鲜食玉米上市季节购买后，将外层苞叶剥去，仅保留最内层的苞叶，并用保鲜袋密封好，放入冰箱冷冻保存。食用时取出直接蒸煮即可，无需额外处理，能够较好地保持鲜食玉米的甜美口感与营养。

25. 我国鲜食玉米的最优品种有哪些？

在2024年中国种子大会东阳鲜食玉米种业展示会上，对全国各地的713个鲜食玉米品种进行了评选，主要考察品种的生长表现、穗型大小、整齐度、产量、抗病虫害能力和适应性等特点，同时对外观商品性、蒸煮及品尝效果进行了综合评估。最终评选出最优的20个甜玉米品种和20个糯玉米品种，其中甜玉米获金奖的10个品种包括晶煌17号、白甜833、雪甜7401、沪甜16、晶玉黑甜、华耐甜玉23号、泰阳花六号、圣甜艾菲、圳甜6号、脆甜89；糯玉米获金奖的10个品种包括万糯2000、万糯188、天贵糯937、白甜糯28、天贵糯502、荟甜糯2号、锐玉926、香玉糯N99、京甜糯807和金糯1913。这些获奖品种均为自主研发，各具特色，展现了国内鲜食玉米品种的多样性和优越性。

26. 不同品种鲜食玉米的价格有哪些差异？

鲜食玉米的营养价值较高，生长周期较短，一般从播种到成熟仅需70至85天。作为一种高收益农作物，鲜食玉米的产出收益通常是普通玉米的2～3倍。受季节性供应的影响，鲜食玉米的市场价格波动较大，尤其是双色鲜食玉米因其独特的外观与风味，单价比单色鲜食玉米高出2～4倍。云南德宏是我国主要的双色甜玉米产区，市场上约80%的双色甜玉米都来自德宏，显示了该地区在鲜食玉米市场中的重要地位。

参考文献

[1] 王玉浩, 蒙云飞, 贺囡囡, 等. 中国西南地区鲜食玉米产业发展现状及对策[J]. 蔬菜, 2024, (8): 15-22.

[2] 高君慧, 王学迁, 郭增志, 等. 不同用途的玉米品种介绍[J]. 现代农村科技, 2020, (11): 20.

[3] 张楚杭. 粗粮回归: 共享营养健康美食盛宴, 鲜食玉米产品多样性创新[N]. 科学导报, 2024-04-12(B03).

[4] 孙善文. 黑龙江省鲜食玉米产业分析及发展策略[J]. 农业科技通讯, 2023, (8): 6-7, 204.

[5] 马佳, 马莹, 王丽媛, 等. 上海鲜食玉米产业发展现状与对策研究[J]. 上海农业学报, 2023, 39(5): 149-156.

[6] 杨曙辉, 李江, 王桂平, 等. 云南高原特色鲜食玉米产业绿色持续与高质高效发展[J]. 中国种业, 2021, (12): 31-36.

[7] 宋俏姮, 杨跃华, 高必军, 等. 推动四川鲜食玉米产业绿色发展的对策建议[J]. 中国种业, 2020, (2): 25-27.

[8] 冯素芬, 许蕊淇, 尹雪, 等. 云南省鲜食玉米育种、开发现状及发展方向[J]. 中国种业, 2021, (5): 20-24.

[9] 宋进明. 浅谈鲜食玉米产业现状及发展对策[J]. 内蒙古农业科技, 2009, (5): 18-19.

[10] 徐丽, 赵久然, 卢柏山, 等. 我国鲜食玉米种业现状及发展趋势[J]. 中国种业, 2020, (10):14-18.

[11] 石鹏飞. 专家论道鲜食玉米产业发展[N]. 河北经济日报, 2024-08-21(7).

[12] 邢妍妍. 玉米种子活力形成及休眠机理研究[D]. 泰安: 山东农业大学, 2007.

[13] Yan J. CACTA-like transposable element in ZmCCT attenuated photoperiod sensitivity and accelerated the post-domestication spread of maize[C]//International Plant and Animal Genome Conference XXII 2014. 0[2024-10-04].

[14] 乔群生. 玉米生长发育阶段相关管理策略研究[J]. 粮油与饲料科技, 2024, (3): 54-56.

[15] 李惠生, 董树亭, 高荣岐. 鲜食玉米品质特性研究概述[J]. 玉米科学, 2007, (2): 144-146.

[16] 翟广谦, 陈永欣, 田福海, 等. 甜、糯玉米鲜食期品质变化及保鲜技术研究[J]. 山西农业科学, 1997, 25(1):24-27.

[17] 赵琳, 陈玉, 骆乐谈, 等. 不同保鲜方式下鲜食玉米品质变化规律的研究[J]. 食品安全质量检测学报, 2024, 15(8):22-32.

[18] 刘夫国, 牛丽影, 李大婧, 等. 鲜食玉米加工利用研究进展[J].食品科学, 2012, 33(23): 375-379.

第二篇 鲜食玉米种植技术篇

27. 在我国北方地区种植鲜食玉米，如何选择品种？

在我国北方干旱地区种植鲜食玉米时，应选用优质、高产、抗旱的国审、省审品种。糯玉米可选择"金糯262"、"京科糯1号"、"万糯2000"、"吉农糯7号"、"垦粘7号"等，甜玉米可选择"北甜玉1号"、"哈粘1号"等。

28. 在我国南方地区种植鲜食玉米，如何选择品种？

在我国南方多雨地区，适合选用根系发达、抗倒伏和抗病性强的品种，以应对夏季台风和多雨天气对玉米生长的不利影响。尤其在台风高发季节上市的品种，建议选择植株相对矮小的类型，以减少倒伏风险。推荐品种有"雪甜7401"、"鲜甜糯88"和"花超SBS902"等，这些品种不仅能适应南方多变的天气，还能确保玉米的品质和产量。

29. 种植鲜食玉米时如何选地、整地？

鲜食玉米的生长环境需优先选择地势开阔、平坦，且土层深厚、疏松、土壤肥力中上的地块，并确保具有良好的灌溉设施。前茬作物收获后，应及时翻耕，建议使用旋耕机将土壤耕深至20～25厘米，碎土并清除杂草、石块和残留的作物秸秆，确保地面平整、无杂物，以为鲜食玉米提供适宜的生长基础。

30. 种植鲜食玉米时为什么要进行隔离？

作为异花授粉作物，鲜食玉米的粒色、甜度和糯性等优质性状多受隐性基因控制，极易受到其他玉米品种的影响，导致串粉，进而影响品质。因此，鲜食玉米种植时必须与其他玉米品种隔离，以保持品质纯正。空间隔离需达到300米以上的距离，若采用时间隔离，需确保花期相隔至少20天。

31. 种植鲜食玉米时，如何处理种子？

播种前应仔细筛选种子，去除虫粒、破粒和霉粒，确保种子颗粒饱满、大小均匀。高质量的种子可提高出苗的整齐度，使苗齐苗全，从而有助于后期的均匀生长和产量稳定。

32. 种植鲜食玉米时，如何进行育苗？

育苗时，在育苗盘穴内填入2/3基质并用手轻压，使基质稳定在穴位底部。每穴播种1粒种子，填满基质并压实，浇透水。育苗数量应按每亩种植密度的110%准备，以保证移栽时有充足的幼苗，确保苗数符合种植要求。

33. 种植鲜食玉米时，如何进行移栽？

从育苗盘中选取根系发达、生长健壮的幼苗，轻轻取出避免伤根，将其植入地膜孔的中央并保持直立，用少量泥土封实膜孔。移栽后当天应及时灌水，以提高成活率，促进幼苗快速适应新环境。

34. 在我国北方地区种植鲜食玉米时，如何选择播期？

我国北方地区第一积温带的种植时间适宜在4月25日至30日之间，但需充分考虑与普通玉米的隔离种植；第二积温带可在5月1日之后开始播种；第三、第四积温带则适宜在5月中旬进行播种，以确保适宜的生长积温。

35. 在我国南方地区种植鲜食玉米时，如何选择播期？

南方地区的种植可分为春播和秋播，春播适宜在3月上旬至4月上旬，秋播则为6月下旬至7月中旬。只要土壤温度稳定在10～12℃以上，即可开始播种，以确保种子能够顺利萌发。

36. 鲜食玉米的种植密度如何选择？

根据玉米品种特性和土壤肥力条件合理密植，既能充分利用光能又避免光能浪费。平展型甜玉米的种植密度约为每公顷4.5万～6.0万株，紧凑型甜玉米则为6.0万～9.0万株。常见播种方式包括等行距种植（行距约70厘米）和宽窄行种植（宽行130厘米，窄行40厘米），有助于优化光照和通风条件。

37. 种植鲜食玉米时覆膜的作用有哪些？

覆膜可有效减少土壤水分蒸发，保持适宜的土壤湿度，为鲜食玉米提供稳定的水分供应。地膜还具有保温作用，特别是在早春或晚秋的低温条件下，有助于提升土壤温度，促进玉米的早发快长。同时，覆膜还能遮挡阳光，抑制杂草生长，减少除草所需的人工成本和除草剂使用，保护生态环境。

38. 种植鲜食玉米时如何判断是否有灌水需求？

有条件的地区可通过测定土壤含水量来确定是否灌水。若无测量条件，可使用手捏法：抓取一把土壤并用手捏紧，若捏成团后轻抛不散开，说明水分适宜；若无法成团则表示土壤过于干燥，需灌水；若成团且粘手则表示水分过多，无需灌水。

39. 种植鲜食玉米时如何防治杂草？

玉米出苗后的3～5叶期及杂草的2～4叶期，是最佳的防治时机。可每亩地使用25%硝磺·莠去津悬浮剂120～200毫升，配合30千克水均匀喷雾，可有效防治一年生禾本科和阔叶杂草（如马唐、稗草、狗尾草、马齿苋和苍耳等），且对后茬作物无不良影响。

40. 鲜食玉米的施肥原则是什么？

施肥应遵循"施足底肥、增施有机肥、配方施肥"的原则。根据"控氮、增磷、补钾、添微"的配方施肥策略，科学确定肥料种类和数量，并适量添加锌、硼等微量元素肥料，以满足玉米的生长需求，提高产量和品质。

41. 鲜食玉米种植中钾肥的作用是什么？

钾元素对鲜食玉米的生长具有重要作用。适量的钾肥可促进玉米根细胞的扩张，增强营养在韧皮部的运输能力，提高作物的耐盐性和抗逆性。适宜的钾素供应不仅能够提升玉米的产量，还对玉米的品质改良有所帮助。然而，钾肥供应不足或过量均会对鲜食玉米的产量和品质产生不良影响，因此施肥时应控制在适宜范围内，确保钾素的高效吸收。

42. 鲜食玉米种植过程中为什么要进行定苗？

鲜食玉米从出苗至拔节大约需要一个月的时间，此阶段需及时定苗，以确保出苗整齐、健壮。对于缺苗区域应及时补苗，避免种植密度不均而影响产量。定苗时应观察分蘖株数量，若分蘖过多则应及时去除，以避免分蘖对主株营养的抢夺。在5～6叶期进行间苗和定苗，按计划密度去除病苗、弱苗和杂苗，每穴留一株，确保种植密度合理，促进植株健壮生长。

43. 鲜食玉米分蘖的去除方法及注意事项有哪些?

在7～9叶期,需对分蘖进行处理,用手将分蘖横向掰除,避免向上拔,以免损伤根系。最好在晴天去除分蘖,这样伤口愈合较快,可有效减少病害侵染的风险。主穗以下的小穗在主穗吐丝后7天左右掰除,掰除时要小心操作,尽量避免伤及主茎和叶片,以维护玉米整体的健康生长。

44. 鲜食玉米如何留穗?

在鲜食玉米生长过程中,单个植株上可能长出多个果穗。在正常的水肥管理条件下,建议每株保留1个主穗,将多余果穗及时摘除,以便集中养分,提升单穗的质量和甜度,这样能确保市场上销售的果穗品质达到优质标准。

45. 种植鲜食玉米时如何进行人工授粉?

在吐丝阶段,遇到大风或连续降雨天气时,可能会影响自然授粉,此时需进行人工辅助授粉。授粉时间以上午9点至11点为佳,通过轻轻晃动玉米植株,使花粉均匀洒落,有助于雌穗充分授粉,保证果穗的饱满度和质量。

46. 为什么有些鲜食玉米植株会提前抽雄?

玉米在拔节至抽雄期对水分需求较高,特别是抽雄前10天左右，玉米进入需水关键期，若此时缺水，会导致植株养分供给不足，使其发育受阻，从而出现提前抽雄的现象。适时灌水、保持充足水分供应是避免过早抽雄的关键。

47. 鲜食玉米空秆的原因是什么？

玉米空秆的产生通常由三种原因引起：过度密植导致植株间养分竞争过大，使雌穗发育不良；开花前遇干旱或缺肥，植株营养不良；出苗不齐或补种、补栽的小弱苗发育不良，从而导致营养失衡，致使空秆产生。这些因素最终影响了玉米的产量和品质。

48. 鲜食玉米空秆的防治措施有哪些？

合理控制种植密度、及时进行间苗是防止空秆的有效措施。玉米田间管理应突出"早"字，在3叶期前就开始间苗，及时剔除弱苗。在天气干旱或出现缺肥症状时，应适时灌溉和追肥，以促进植株健康生长，减少空秆的发生概率。

49. 鲜食玉米发生倒伏的原因是什么？

玉米倒伏的原因除气候因素外，还包括以下几方面：一是种植密度过大，光合作用受限，导致茎秆细弱；二是水肥管理不当，拔节期间施用过多的氮肥导致茎秆徒长；三是病虫害侵袭，玉米螟蛀食茎秆和茎腐病的侵染会削弱茎秆结构；四是选用的品种不耐倒伏。合理控制密度、加强肥水管理、选用抗倒伏品种均可有效预防倒伏。

50. 鲜食玉米倒伏后是否需要扶起？

倒伏是否需要扶起应根据倒伏时期判断：大喇叭口期前倒伏，可自然恢复，不需扶正；大喇叭口期至散粉前倒伏，如无严重影响，可不扶；散粉期倒伏则应及时扶正，以确保授粉质量；灌浆期倒伏如有条件扶正，可帮助恢复直立状态，有利于提高产量。

51. 鲜食玉米倒伏后的补救措施是什么？

玉米倒伏后应尽快排出田间积水，保持土壤湿度在适宜范围内，避免过度饱和的土壤影响根系发育。倒伏植株的光合作用受限，可在倒伏后重新追肥，促进植株恢复生长，减轻倒伏对产量的影响。

52. 鲜食玉米出现秃尖的原因是什么？

玉米秃尖通常由以下原因产生：一是小花分化阶段营养不良，使顶部小花不育；二是抽雄前遇高温干旱，花粉活力下降，授粉不完全；三是种植密度过高，或连阴雨天气影响光合作用，使顶部受精不全，导致秃尖。

53. 减少鲜食玉米秃尖的方法有哪些？

合理控制种植密度，确保充足的水分和养分供应，配合人工辅助授粉，可显著减少秃尖的发生。适时灌溉和施肥，避免干旱和高温胁迫，也是防止秃尖的有效措施。

54. 我国南方地区鲜食玉米的主要病虫害有哪些？

由于南方地区高温多雨，主要病害包括小斑病、锈病、茎腐病、纹枯病，虫害则有草地贪夜蛾、玉米螟和蚜虫，这些害虫对鲜食玉米产量和品质的威胁较大。

55. 我国北方地区鲜食玉米的主要病虫害有哪些？

在北方，主要病害有玉米大斑病、丝黑穗病、茎腐病和粗缩病，不同区域的病害发生频率有所差异。

56. 如何识别、防治鲜食玉米小斑病？

小斑病主要侵染鲜食玉米的叶片、叶鞘、苞叶和果穗，以叶片受害最为严重，通常自下部叶片开始发病。早期症状表现为水渍状斑点，后期则呈现出三种典型症状：一种为黄褐色椭圆或长方形病斑，边缘为深褐色，受叶脉限制；另一种为不受叶脉限制的灰褐色斑块；抗病品种上则表现为小点状黄褐色坏死斑，伴随褪绿晕圈。小斑病最适宜生长的温度为28～30℃，湿度高时易大面积传播。防治方法为：在大喇叭口期，叶片喷洒18.7%丙环·嘧菌酯SC，每亩地使用50～70毫升，或在发病初期喷雾，7至10天后再喷一次，以控制病情。

57. 如何识别、防治鲜食玉米锈病？

玉米锈病主要危害叶片，严重时会侵害果穗、苞叶和雄花。初期症状为叶片出现淡黄色小疱斑，随着病情进展，疱斑变为隆起的圆形或长圆形，颜色逐渐变深至黄褐色，表面附着铁锈色粉末。锈病削弱叶片的光合作用，严重时导致大面积枯死，引起植株早衰。高温、高湿和缺少阳光的环境有利于锈病蔓延。在云南，5至7月及9至12月为发病高峰期。防治方法可选用25%三唑酮WP，每亩地喷施40～60克，或18.7%戊唑·嘧菌酯SC，每亩地50～70毫升，发病初期喷施，隔7天连续喷2至3次。

58. 如何识别、防治鲜食玉米茎腐病？

茎腐病常在吐丝后期爆发，容易大面积流行，表现为急性和慢性两种类型。急性型茎腐病通常在暴风雨后出现，叶片迅速失水，2至3天后明显枯萎下垂；慢性型表现为叶片从上至下逐渐变黄，扩散至茎基部，使茎秆腐烂、变色。为预防茎腐病，可选用优质种子，适量施肥和灌水，并在感染后使用施得乐1000倍液喷洒防治。

59. 如何识别、防治鲜食玉米纹枯病？

纹枯病主要侵害植株的叶鞘和根茎部。种子包衣处理是预防的关键，每100公斤种子可用28%噻虫嗪·噻呋酰胺SC 570～850毫升进行包衣。发病初期可使用24%井冈霉素SL，每亩喷洒30～40毫升，于大喇叭口期前或发病早期喷雾，间隔7至10天再喷一次，能有效抑制病情发展。

60. 如何识别、防治鲜食玉米玉米螟？

玉米螟是鲜食玉米的常见害虫，属于鳞翅目螟蛾科。成虫主要近距离扩散，幼虫则会蛀食雌穗花丝、嫩苞叶、穗轴和籽粒内部，有时甚至钻入茎部，导致果穗干瘪、植株早衰，减产严重。玉米螟喜高温高湿，适宜生长温度为16～30℃。防治方法包括：使用高效氯氟氰菊酯30～40毫升/亩❶，或20%氯虫苯甲酰胺SC 3～5毫升/亩，3%甲维盐WDG 20克/亩，40%氯虫·噻虫嗪WDG 10～12克/亩，或50g/L虱螨脲EC 30毫升/亩，均匀喷洒防治。

61. 如何识别、防治鲜食玉米草地贪夜蛾？

草地贪夜蛾属于鳞翅目夜蛾科，以幼虫侵害鲜食玉米。低龄幼虫取食叶片表面，留下半透明薄膜状的"窗孔"；3龄以上幼虫钻蛀在心叶、雄穗苞及雌穗中，形成孔洞和缺刻，造成较严重的损害。最佳防治期为3龄以下幼虫期，喷洒苏云金杆菌300～400毫升/亩，或5%甲氨基阿维菌素苯甲酸盐微乳剂16～20毫升/亩，以有效抑制虫害。

62. 如何识别、防治鲜食玉米地下害虫？

地下害虫如地老虎、蝼蛄和蛴螬等主要侵害植株根茎和幼苗，

---

❶ 1亩≈666.67平方米。

导致缺苗、断垄现象。此类害虫多夜间活动，尤其在多雨的秋季更为严重。害虫逐渐从土壤中爬出，咬断幼苗根茎，严重时可致幼苗枯萎甚至死亡。防治措施包括：播种前用药剂拌种，以有效降低虫害发生率；加强田间管理，清除田边和地头杂草，减少虫卵孵化和寄生环境。此外，合理的耕作方法和田间管理，有助于减少地下害虫的影响，确保玉米植株健康生长。

63. 鲜食玉米采收时的注意事项有哪些？

甜玉米的最佳采收期为雌花开花后22～25天，授粉后约20天。采收时应选择合适的时期，以保证果穗质量，同时避免损伤植株。采收后的玉米应及时销售，保证鲜度和口感。

⊕ 参考文献

[1] 周如昭. 蕉城区山垅田鲜食玉米高产优质栽培技术[J]. 基层农技推广, 2024, 12(8): 144-147.

[2] 周秀玲, 李月丽. 甜玉米栽培技术及病虫害防治[J]. 现代农村科技, 2022, (10): 21-22.

[3] 吴宇, 赵俊立, 常海滨. 鲜食玉米冈甜1号及栽培技术要点[J]. 中国种业, 2024, (3): 155-157. DOI:10. 19462/j.cnki.zgzy.20231122001.

[4] 肖光秀, 陈志雄, 董诗龙, 等. 德宏州鲜食玉米-水稻-马铃薯一年三熟水旱轮作高效栽培模式[J]. 云南农业科技, 2023, (2): 54-56.

[5] 许灿雄, 杨桃, 王文康. 鲜食甜玉米高产栽培[J]. 云南农业, 2024, (7): 54-55.

[6] 张哲, 林栋, 周峰, 等. 玉米生产中常见问题及防范措施[J]. 种子世界, 2014, (6): 44-45.

[7] 杨玲玲, 杨子祥. 云南鲜食玉米主要病虫害绿色防控技术[J]. 长江蔬菜, 2024, (13): 60-63, 75.

[8] 朱伯华, 汪坤乾, 张凯. 鲜食玉米病虫害发生特点及综合绿色防控技术[J]. 长江蔬菜, 2011, (18): 72-75.

[9] 郭占胜, 张秀艳. 鲜食玉米主要病害的症状识别及防治[J]. 现代农村科技, 2010, (20): 21.

[10] 崔宏. 鲜食玉米的种植技术及推广措施[J]. 特种经济动植物, 2023, 26(6): 139-141.

[11] 赫明涛, 王军, 水玉林, 等. 关于鲜食玉米空秆率、双穗株率标准的探讨[J]. 中国种业, 2002, (11): 19. DOI: 10.19462/j.cnki.1671-895x.2002.11.012.

鲜 食 玉 米 科 普 100 问

第三篇　鲜食玉米产业篇

64. 国外鲜食玉米产业情况如何？

在国际市场中，甜玉米是大多数国家的主要鲜食玉米品种，市场需求量极为可观，已经成为一种广受欢迎的大众化蔬菜。根据中国种业协会数据统计，截至2022年，全球甜玉米的种植面积约为134万公顷，种植主要集中在美国、法国、匈牙利、西班牙、加拿大、泰国和巴西等国。近年来，随着人们健康意识的提升和消费需求的增加，欧洲地区的鲜食玉米消费量显著增长。法国是欧洲最大的甜玉米生产国，其甜玉米产量占欧洲总产量的85%，速冻玉米在欧洲市场的份额达到70%。在美国，甜玉米的种植面积约为500万亩，种植的甜玉米杂交品种多达500余种，每年加工甜玉米的总量达120万吨，居全球首位。美国的甜玉米加工产品主要包括甜玉米罐头、速冻甜玉米和脱水甜玉米，其鲜售和加工产值分别在鲜售蔬菜和加工类蔬菜中位居第四和第二。泰国是亚洲甜玉米的主要生产国，年种植面积约177万亩，年产量达148万吨，甜玉米罐头的年出口量已超过20万吨，且出口量随产量逐年增长。

65. 国外鲜食玉米的加工现状如何?

美国早在20世纪30年代就开始利用甜玉米制作罐头,逐渐形成了规模化的甜玉米加工业,生产的产品包括玉米罐头、速冻玉米、干制玉米、玉米笋及玉米浆等。

66. 国外鲜食玉米市场现状如何?

在许多发达国家,鲜食玉米作为一种时尚的蔬菜食品,深受消费者喜爱。同时,随着"一带一路"倡议的推进,中国的鲜食玉米也在"一带一路"共建国家逐渐获得市场份额。根据中国海关数据统计显示,2022年中国甜玉米出口量稳步增长,在欧洲市场上表现突出,出口额逐年上升。越南、缅甸、老挝和哈萨克斯坦等"一带一路"共建国家对速冻甜玉米和罐头产品需求旺盛。从我国鲜食玉米的进出口数据来看,出口量显著高于进口量,保持了贸易顺差。进口的鲜食玉米主要为"冷冻甜玉米",来源地以美国为主,进口集中在每年3月、8月和10至11月;出口的鲜食玉米主要为"非醋方法制作或保藏的甜玉米",出口时间市场以德国为主,出口省份主要集中在福建,出口时间高峰在每年下半年。2023年,我国鲜食玉米的进出口贸易总量达到24.53万吨,贸易总额为2.73亿美元,较2018年增长了14.56万吨,年均复合增长率为19.73%;贸易总额增加了1.29亿美元,年均复合增长率为13.65%。

67. 我国鲜食玉米产业情况如何?

国家统计年鉴显示,截至2020年,全国鲜食玉米种植面积已超过2000万亩，市场消费量达570亿穗。全国已有24个省份和70多个科研单位及企业将鲜食玉米作为重点发展领域，使鲜食玉米成为继玉米饲料和玉米深加工之后的新兴玉米产业。随着城市居民生活水平的提升，鲜食玉米的市场需求从一线城市逐步扩展到全国各地，带动了鲜食玉米种植面积的快速增长。从产业布局来看，我国鲜食玉米起初形成了"南甜北糯"的种植格局，但随着甜加糯玉米和高端甜玉米的推广应用，传统的格局逐渐演变为"甜、糯、甜加糯"三足鼎立的结构，北方地区的种植结构逐步向甜玉米和甜加糯玉米方向调整。此外，围绕京津冀、长三角和珠三角等大城市群，还形成了鲜食玉米的生产消费中心，成为推动该产业发展的重要区域。

68. 我国鲜食玉米的加工现状如何？

鲜食玉米每亩产量约4500～5000穗，市场批发价为每穗1.2～1.5元，亩产值远超普通玉米，亩收入可达3000～4000元。经过加工，鲜食玉米的价值可增加一倍以上；真空包装后，增值效益达到2～3倍，礼品包装可增值至3～5倍，加工企业的经济效益十分显著。目前我国市场上的鲜食玉米主要以鲜果穗销售和速冻加工为主，其中鲜穗销售量占鲜食玉米总量的60%～70%，速冻加工量占30%～40%。截至2024年7月19日，中国经营范围涉及甜玉米加工的在营企业有501家，主要分布在黑龙江、甘肃和广东等地；而与糯玉米加工相关的在营企业有234家，主要分布在黑龙江、吉林和河北等地。

69. 我国鲜食玉米的市场现状如何？

近年来，我国鲜食玉米的电商销售额持续上升，东北地区，尤其是黑龙江，已成为鲜食玉米产业的核心区域，吸引了大量消费者的关注。随着居民消费水平的不断提升，无公害、无污染、优质安全的农产品备受青睐。鲜食玉米凭借其丰富的营养价值和独特的口感逐渐成为备受欢迎的健康食品。伴随着科学研究的深入与生活水平的提高，鲜食玉米已形成科研、种植、加工、物流、营销和服务的一体化产业链。除直接鲜食外，鲜食玉米还被制成罐头、速冻食品、预制果穗以及玉米饮料、蜜饯、果冻、馅料等多样化的加工产品。鲜食玉米的用途不仅限于粮食，还广泛用于养殖、化工、医药等行业，部分产品甚至作为美容护肤品的原料。我国鲜食玉米的消费模式呈现多样化特征，南方地区主要用于煲汤，北方地区多用于加工，而中部地区则以鲜食为主，形成了鲜穗鲜食、餐饮和加工相结合的消费模式。

70. 我国现有多少家经营鲜食玉米相关的企业？

国家统计局数据显示，截至2023年中国经营范围涉及甜玉米种植的在营企业有1685家，其中黑龙江、吉林和甘肃三省的甜玉米种植企业数量分别占全国总数的10%以上。糯玉米相关企业数量为463家，主要集中在吉林、河北和山西三省，总量占全国的近50%。从加工主体来看，大多数鲜食玉米加工企业集中在主要产区，其中小微企业占比超过90%。涉及甜玉米加工的企业有501家，主要分布在黑龙江、甘肃和广东，分别占全国总量的22.13%、15.9%和

11.67%。而糯玉米加工企业有234家，集中在黑龙江、吉林和河北三省，支撑了当地鲜食玉米产业的发展。

71. 我国鲜食玉米市场经济的影响因素有哪些？

由于鲜食玉米的种植周期性和市场需求的滞后性，供求信息往往存在一定延迟，使部分主产区的农户容易盲目跟风、大面积种植。此外，市场还受气候异常、加工企业不足等因素影响，使得各省、各区域的鲜食玉米在同一时期集中上市，导致产品同质化现象较为严重。这种结构性、季节性的供应过剩直接造成了鲜食玉米价格的大幅波动。例如，广西曾出现甜玉米收购价在0.7～2.5元/公斤之间的波动，幅度高达72%。如此剧烈的价格波动严重挫伤了农户的种植积极性，影响了鲜食玉米产业的稳定与可持续发展。

72. 我国鲜食玉米发展过程中的热点有哪些？

为了满足国内消费者对鲜食玉米日益增长的需求，未来的产业发展重点将聚焦在以下几个方面：

·种源创新与遗传改良：建立鲜食玉米种质资源的精准鉴定技术，针对玉米种质的鉴定、改良与扩增，逐步建立表型与基因型大数据库，开发具有自主知识产权的原创性育种材料，逐步完善种质库，增强产业的核心竞争力。

·高效智能育种技术：通过分子标记辅助选择、双单倍体育种、基因编辑和智能育种等技术手段，加速种质创新，建立科企联合的育种新模式，整合技术平台和产品研发，推动鲜食玉米品种的多样化。

·培育突破性品种：重点提升鲜食玉米的营养品质及抗病、抗逆性，培育出高品质的优良种质和重大品种，引领市场需求，深入研究营养品质形成及抗病抗逆的遗传基础和生理机制，推动高效优质种质的研发。

·配套生产技术与安全型品种的研发：开发高产、高活力的种子生产技术，改进主导品种的亲本提纯复壮技术，建立高活力种子生产与安全贮藏的技术规程，保证种子在贮藏期内的质量稳定。

·绿色高效机械化生产技术推广：推广适用于鲜食玉米的机械化植保技术、少人化的机械作业技术及鲜穗的机械化收获装备，构建绿色机械化生产的技术标准，提高生产效率。

·优化"鲜食玉米+"高效生态种植模式：推广高效的"鲜食玉米+"种植模式，提高土地利用率和整体种植效益。

·产业链延伸与品牌建设：研发鲜食玉米的采后保鲜及深加工技术，完善产地预冷和冷链储运系统，改进玉米汁等加工产品的生产工艺，实现产业化应用。

·打造高端品牌：开发高端产品，创建具有较强市场影响力的区域品牌和企业品牌，加强产品质量追溯体系，拓展多样化的营销模式，增强品牌竞争力。

73. 我国鲜食玉米发展过程中的难点有哪些？

虽然我国鲜食玉米品种的品质逐步提升，种植面积保持稳定，加工市场规模扩大，整体发展态势良好，但产业发展过程中仍面临以下挑战。

·育种研发不足：由于我国生态环境多样，南北消费需求差异较大，不同区域对鲜食玉米的品种需求各不相同，当前的育种水平尚未完全满足市场的多样化需求。因此，需要加强创新研发，提升品种的适应性和品质，以满足消费者的多样化需求，并提高种子的发芽率和苗期的适应性。

·技术标准缺乏：鲜食玉米的种植区域广泛，但存在种植分散、技术配套不规范、产品质量不稳定等问题，缺乏统一的检测标准。未来应制定涵盖育种、种植、包装、冷藏和运输等环节的技术标准，推动产业规范化发展，提高产品质量的稳定性。

·产业化水平较低：虽然鲜食玉米产业发展迅速，但各地的产业化水平仍偏低，机械化种植和收获水平不高，许多地区仍依赖人工采收。未来应推动规模化、产业化发展，鼓励合作社、种植大户和龙头企业成为产业骨干，提高机械化水平。

·季节性生产过剩问题：因各产区集中上市，鲜食玉米市场滞销、价格波动频繁。由于产区分布分散，尚未形成全国性的供需调控机制，使市场行情不稳定。应加大信息共享力度，加强协会、企业和合作社之间的交流，优化供需调控，减少市场波动。

·深加工不足：目前鲜食玉米的加工产品主要为速冻玉米棒、真空包装玉米棒和玉米粒，产品种类单一。未来需加快提升加工技术和设备，丰富深加工产品，如玉米乳、玉米粉和玉米面条等，拓展市场产品种类。

·品牌建设滞后：鲜食玉米品牌知名度较低，加工产品品牌识别度不足，品牌效应难以形成。推动品牌化战略发展将提升鲜食玉米的市场竞争力，通过增强农户的品牌意识，推广高品质、风味好的鲜食玉米，达到优质优价的目标，增强市场吸引力。

74. 我国鲜食玉米的发展方向是什么?

随着我国农业逐步进入结构调整、绿色发展阶段,鲜食玉米的发展方向将以糯玉米为主,甜玉米为辅,特别是推广甜加糯类型的优质品种。未来发展中,应加速鲜食玉米的一、二、三产业融合,加强从生产到物流、贮运和采后保鲜的全链条管理,尤其是提升冷链物流的效率。同时,打造高端特色、营养强化的鲜食玉米品种,更好地满足消费者的多样化需求,实现调结构、转方式、提质增效的产业目标。鲜食玉米种业的健康发展需要注重"三创新一保护":即在育种方向、品种类型和育种方式上创新,同时加强知识产权保护,确保我国鲜食玉米品种的国际竞争力。

75. 我国鲜食玉米主要产地有哪些?

我国是全球最大的鲜食玉米生产和消费国家,根据中研普华产业研究院发布的《2022—2027年中国玉米种植行业市场竞争形势分析及供需规模预测研究报告》显示,2020年我国鲜食玉米的种植面积稳定在133.3万公顷以上,2022年种植面积已达166.7万公顷。我国的鲜食玉米种植区域主要集中在东北三省、京津冀、甘肃、江浙沪、四川、重庆、贵州、云南、广西和广东等地;其中,云南、广西和四川等地是南方鲜食玉米的主产区,而湖北、浙江、江苏则是中部的重要种植区域,黑龙江则是北方鲜食玉米的种植大省。

根据各地的自然条件和栽培习惯,全国鲜食玉米种植区可划分为七大主产区:

·东北鲜食玉米速冻加工种植区:主要为速冻加工种植,供应国内外市场需求。

·京津冀速冻加工和鲜食混种区：主要供应速冻加工和鲜食市场，满足大都市的消费需求。

·江浙沪优质鲜食玉米种植区：重点供应高品质鲜食玉米，满足高端市场需求。

·湖北、安徽早春上市种植区：抢占早春鲜食市场，供应季节性需求。

·粤桂闽多季种植区：由于气候温暖，具备多季种植的条件，确保全年市场供应。

·西南鲜食玉米种植区：包括四川、云南等地，种植规模较大，满足国内市场的广泛需求。

·海南反季节种植区：利用独特气候条件，实现冬春季反季节供应，满足淡季市场的需求。

76. 我国鲜食玉米各产区上市时间是何时？

我国鲜食玉米种植的南北区域存在错峰上市的特点，实现了全年供应的市场格局。南方地区，如云南、广东和广西等主要鲜食玉米产区，气候温暖湿润，适合多季种植，一年可实现2～3季的生产。第一季玉米通常在4～5月上市，领先于全国大多数省份；秋冬季的11月至次年1月正是北方地区供应的空档期，为市场提供了及时补充。而北方地区如吉林和黑龙江，以及中部地区如安徽和四川等省份的鲜食玉米，主要在6～10月期间集中上市，满足夏秋季节市场的需求。这种南北错峰上市的模式有效平衡了市场需求，实现了鲜食玉米的全年不间断供应。

77. 西南及南部地区鲜食玉米种植规模现状如何?

据2023年国家统计年鉴中四川省、云南省、贵州省、重庆市等省（自治区、直辖市）统计数据显示，西南及南部地区是我国鲜食玉米的重要种植区域，占全国玉米种植面积的15%～20%，包括四川、重庆、云南、贵州等省（自治区、直辖市）。西南及南部地区鲜食玉米种植面积达到44万公顷，其中甜玉米种植面积为19.9万公顷，糯玉米种植面积为24.1万公顷，总产量为564.7万吨，其中甜玉米产量为288.2万吨，糯玉米产量为276.5万吨。表1为2023年西南及南部地区鲜食甜、糯玉米种植面积与产量情况。西南及南部地区依靠适宜的气候、丰富的光照资源和成熟的种植技术，逐渐成为全国鲜食玉米的重要生产基地之一，为国内外市场提供了充足、优质的鲜食玉米供应。

表1　2023年西南及南部地区鲜食甜、糯玉米种植面积与产量情况

品种	云南省		广西壮族自治区		四川省		贵州省		重庆市		合计	
	面积/万hm²	产量/万t	面积/万hm²	产量/万t	面积/万hm²	产量/万t	面积/万hm²	产量/万t	面积/万hm²	产量/万t	面积/万hm²	产量/万t
甜玉米	13.3	200.0	3.3	45.0	1.3	18.0	1.1	14.4	0.8	10.8	19.8	288.2
糯玉米	6.7	80.0	4.7	52.5	5.3	60.0	4.3	48.0	3.2	36.0	24.1	276.5
合计	20.0	280.0	8.0	97.5	6.6	78.0	5.4	62.4	4.0	46.8	43.9	564.7

注：以上数据来自西南及南部地区各省（自治区、直辖市）年度统计数据。

78. 云南省鲜食玉米的种植规模有多大?

云南省作为我国鲜食玉米的主要产区之一，种植规模持续扩大。根据国家统计年鉴统计，2024年云南鲜食玉米的种植面积约为300万亩，总产量达到27.39万吨，产值达13.66亿元。云南省的鲜食玉米种植主要集中在滇南和滇中地区，包括昆明、西双版纳、德宏、玉溪和楚雄等地。其中，甜质型玉米占据主要种植份额，面积约为13.3万公顷，占全省总种植面积的67%，因此云南在全国甜玉米生产中具有重要地位。云南省鲜食玉米凭借其出色的口感和丰富的营养价值深受市场欢迎，不仅供应国内一线城市，还逐步拓展国际市场。

79. 云南省鲜食玉米产业绿色高质量发展的优势条件有哪些?

云南省在推动绿色高质量的鲜食玉米产业发展方面具备独特的资源优势。首先，云南省拥有良好的光温条件和多样化的气候类型，为鲜食玉米的生长提供了理想环境。其次，丰富的玉米种质资源为新品种的研发奠定了基础，洁净的生态环境和天然的地理屏障也有效预防了病虫害的传播，保障了产品的质量。此外，云南省拥有优越的区位条件，便于鲜食玉米产品快速进入国内外市场。这些得天独厚的条件为云南鲜食玉米产业的可持续和高质量发展提供了重要支撑，有利于构建高端绿色品牌，从而进一步提升其在市场中的竞争力。

80. 云南省鲜食玉米形成特色化业态的原因有哪些?

云南省的鲜食玉米产业发展模式具有鲜明的特色，这得益于其独特的自然和社会资源优势。地理位置、气候类型、光热条件、优良的水土质量、洁净的生态环境，以及丰富的遗传多样性和充足的农村劳动力资源，共同成就了云南鲜食玉米的优越条件。这些优势赋予云南鲜食玉米多样化的产品特性、高品质的安全性、优质的经济效益和独特的口感。同时，云南省鲜食玉米具备优质优价、全年供应不断的特点，为消费者提供了稳定、可靠的高质量产品。云南省的特色鲜食玉米不仅在国内外市场上受到广泛青睐，还积极推动了地方农业经济的可持续发展，为特色农业和乡村振兴提供了有力支持。

81. 云南省鲜食玉米产业发展的格局是什么？

云南省的鲜食玉米产业形成了"甜质为主、糯质为辅、甜糯型为重要补充"的品种布局，同时呈现"正季为主、反季为辅"的多样化发展模式。甜质玉米因口感佳、市场需求量大，占据了云南鲜食玉米的主要份额；糯质玉米则为市场提供了多样化的选择，是重要补充品种。正季玉米的产量高峰与国内外市场需求高度匹配，而反季节种植则在北方市场淡季补充供应，确保了市场的持续供货。这种多元化的产业布局不仅提高了云南省鲜食玉米的市场竞争力，还能够满足不同消费群体的多样化需求，稳定地占据了鲜食玉米市场的优势地位。

82. 云南省鲜食玉米发展存在的问题有哪些？

尽管云南省在鲜食玉米产业方面具有显著优势，但在发展过程中仍面临一些亟待解决的问题：

·优质品种更新速度缓慢：尽管云南省近年来持续推出新品种，但总体上育种进程仍然缓慢，优质品种供给不足，难以满足市场需求。许多品种在特色性和目标性状上未能精准匹配消费者需求，市场推广效果有限。因此，加快育种创新、推出更多适应市场需求的优质品种仍是首要任务。

·栽培条件不成熟：新品种通过审定后推向农户，农户往往依靠经验种植，缺乏相应的技术指导。云南山区地形复杂，机械化种植普及率低，水利设施较落后，这些条件限制了鲜食玉米产量和品质的提升，对产业效率的提高形成制约。

·劳动力短缺：鲜食玉米的种植过程耗费大量人工成本。国家统计局2018年数据显示，糯玉米的人工成本约占总成本的40%。随着城市化进程加速，越来越多农村劳动力流向城市，留在农业领域的多为老弱人群，劳动力不足的问题日益突出，直接影响了鲜食玉米种植的持续性和规模化。

·产后加工链不完善：云南省的鲜食玉米多以直接售卖为主，因其不易保存，若未及时销售便会降低品质。加工企业多为小作坊式，未实现标准化、规模化的生产，加工设备简陋，技术水平低下，导致产品质量不稳定，影响了农户的种植积极性，阻碍了产业进一步发展。

83. 提高云南省鲜食玉米产业化水平的途径有哪些？

近年来，云南省涌现出农业龙头企业、农民合作社、家庭农场和种植大户等新型生产经营主体，推动了鲜食玉米产业的规模化、专业化、集约化和商品化生产水平的提升。冷链物流的普及也使得运输和存储效率提高，进一步保障了鲜食玉米的市场供应。云南省逐渐形成了多种现代化农业经营模式，如"科研院所+公司+基地""公司+基地+农户""合作社+基地+农户"等。此外，家庭农场、订单农业以及产销一体化等模式也得到推广，进一步优化了生产经营结构。这些现代化模式不仅提高了云南鲜食玉米的生产效率和市场竞争力，也为产业的转型升级提供了支持。

84. 鲜食玉米的商品性是指什么?

鲜食玉米的商品性是指其在市场中的价值和特性。这些特性直接影响到其市场售价和消费者接受程度，主要表现为外观、口感、甜度和新鲜度等指标。鲜食玉米具有较高的商品性时，不仅能提升市场售价，还能吸引更多消费者购买，从而有助于产业的持续发展。商品性优良的鲜食玉米在市场中竞争力强，更容易获得消费者的认可和信赖。

85. 鲜食玉米的商品品质有哪些?

作为商品，鲜食玉米的品质至关重要，主要包括以下几个方面。

·食用品质：涉及口感、香味和甜度等，与消费者的直接食用体验息息相关，是影响消费选择的核心因素。

·营养品质：主要体现在蛋白质、维生素和矿物质等营养成分的含量，直接关系到鲜食玉米的健康价值，满足消费者的营养需求。

·商业品质：指玉米的穗形大小、饱满度和外观等，这些因素影响其市场吸引力，良好的外观更易获得消费者青睐。

·加工品质：鲜食玉米在加工中的稳定性，如耐冷冻性和保鲜性等，直接影响加工产品的质量和存储时间。这类品质对提升鲜食玉米的附加值和延长市场供应周期至关重要。

86. 鲜食玉米商品性的指标有哪些？

鲜食玉米作为商品，其品质特性直接决定了市场价值。主要的商品性指标如下。

·外观：果穗颜色鲜亮、籽粒饱满均匀、形状整齐、叶片完好，外观新鲜度高，符合消费者的视觉偏好。

·口感：甜度适中、籽粒脆嫩、入口香甜，使得消费者的食用体验佳。

·成熟度：最佳收获期的成熟度是决定甜度和口感的关键因素，过早或过晚采收都会影响品质。

·新鲜度：玉米在采收后糖分快速转化为淀粉，因此保鲜时间和处理方式直接影响口感和商品性。及时有效的保鲜处理可确保新鲜玉米的高质量。

87. 影响鲜食玉米品质的因素有哪些？

鲜食玉米的品质受到多种因素的影响，主要包括下列因素。

·生育期：早春栽培需选择早熟杂交品种，并配合小拱棚和地膜覆盖育苗，以提前上市获得市场先机。对于迟熟品种，生育期虽较长，但延长秧龄有助于保证产量和品质。

·穗部特征：随市场对优质口感需求的提升，小型、口感柔嫩的果穗更具吸引力。优质果穗应甜香适口、果皮柔嫩，穗行排列整齐，色泽光亮。

·抗逆性：高品质鲜食玉米需具备抗病、抗旱、抗倒伏等特性，能够适应不同的气候条件，保持良好的产量和品质。

·集中种植规模：同一品种的集中规模种植可提高品质一致性，通常建议不低于30亩，以确保稳定的生产水平并提升市场竞争力。

88. 播期是如何影响鲜食玉米商品质量的？

播期对鲜食玉米的产量和品质有显著影响。适宜的播种时间能提供充足的光照和温度，促进作物生长，避免集中上市带来的价格波动。错期播种不仅能调节市场供应，还能提高玉米的商品性，确保果穗的长度和粗度达到最佳状态。过早或过晚播种会影响生物量积累，尤其是晚播会缩短生育期，导致商品性下降，产量降低。

89. 种植密度对鲜食玉米商品质量的影响有哪些？

种植密度是影响鲜食玉米商品性的关键因素。过低的密度导致群体穗数不足，降低产量；过高的密度则增加植株间的水肥竞争，使植株生长瘦弱、空秆增多。合理的密度有助于增加穗长、穗行数，使果穗饱满均匀。研究表明，不同密度对生育期影响较小，但会明显影响穗位高、双穗率等性状。密度过高时，穗粗、穗行数和单穗重量均下降，秃尖增加，商品性下降。因此，合理的密植可优化鲜食玉米的外观和品质，提升其市场竞争力。

90. 鲜食玉米的商品竞争力有哪些？

普通玉米因淀粉含量高、种皮厚、加工性差，市场竞争力有限，经济效益低，已成为制约农民增收的瓶颈。而鲜食玉米（包括甜玉米、糯玉米和甜糯玉米）因其独特优势在市场上表现出强劲的竞争力。首先，鲜食玉米的口感鲜嫩香甜；其次，营养价值高，富含膳食纤维、维生素和矿物质；再次，经济效益显著，每亩产量达3500～4000穗，带来约2000～2500元的收入。此外，鲜食玉米在早期收获后茎叶仍绿色饱满，可作为优质饲料，助力畜牧业发展。鲜食玉米的商品性还表现为其高营养、优质口感、低脂高纤等特点，符合当前健康饮食潮流，受到国内外市场青睐。近年来，随着国内市场需求的增加，鲜食玉米的销量和销售额稳步增长，消费者对其口感和营养价值的认可进一步推动了行业发展。在国际市场上，鲜食玉米进出口贸易量和总额屡创新高，展现出显著增长潜力。鲜食玉米品种多样，主要包括甜玉米、糯玉米、甜糯玉米和笋玉米，其中糯玉米占据种植面积的50%以上，是主要品种。品种的多样化满足了消费者的不同需求，提升了鲜食玉米的市场需求和商品竞争力。总体而言，鲜食玉米凭借其优质的营养价值、卓越的口感以及广泛的市场需求和国际竞争力，展现出极高的商品潜力和发展前景。

91. 鲜食玉米货架评分标准是什么？

鲜食玉米的货架期目前尚无统一的评价标准，但感官品质是衡量其商品价值的重要指标。可以通过感官品质来评估货架期，包括外观和蒸煮品质，涵盖甜度、糯性、柔嫩度、风味和外观等指标。评分标准依据糯玉米行业标准（NY/T 524—2020《糯玉米》）进行了优化，满分为100分，其中外观品质占30分，蒸煮品质占70分。具体评分标准如下表所示。评定由10人组成的评审小组进行综合评分。

表2　感官品质评分标准

品质类别	性状	评分标准	分数范围
外观品质	苞叶颜色	无变化8分、稍微褪色变黄4分、褪色变黄严重0分	0～8
	籽粒饱满度	籽粒饱满完整8分、较饱满4分、瘪粒严重0分	0～8
	籽粒硬度	易掐冒浆8分、稍微冒浆4分、不冒浆且掐不动0分	0～8
	籽粒色泽	色泽光亮6分、色泽一般3分、色泽暗淡0分	0～6
蒸煮品质	甜度	甜度高14分、甜度一般8分、无甜度0分	0～14
	糯性	黏度高18分、黏度一般12分、黏度差0分	0～18
	皮渣率	皮薄无渣14分，皮较薄、渣较少8分，皮稍厚、渣较多0分	0～14
	软滑度	柔软润滑10分、欠柔软润滑6分、不柔软润滑0分	0～10
	风味	风味好14分、风味一般8分、风味较差0分	0～14

92. 可实现鲜食玉米较高商品价格的因素有哪些？

要实现鲜食玉米的高价格，应把握最佳采收期并注重质量控制。以下几项标准可用于判断最佳采收期：

·时间：吐丝后25～28天采收最为适宜。

·生物学成熟期：乳熟末期为最佳采收期，若用于罐头加工，可提前1～2天。

·穗尖颜色：果穗尖端呈白色或淡黄色，带浅绿色最佳，绿色过多则偏嫩。

·外苞叶颜色：出现大块褐斑的外苞叶、微黄或白色的中层苞叶更为成熟。

·籽粒顶端：轻按无响声或仅轻微脆响；若按压后浆液四溅则过嫩。

·含浆量：指甲划破籽粒顶端后，基部有少量浆液最佳。

·烧烤表现：烧烤后易搓整粒，且籽粒不留在穗轴上，说明成熟适中。

·含水量：60% ～ 65%为最佳，低于59%则偏老，高于66%则偏嫩。

·蒸煮效果：煮后粒饱满、黏甜且香味足为佳。

·冷冻效果：籽粒均匀，颜色不变更佳，塌陷或间距增大则偏嫩。

93. 鲜食玉米为什么要进行保鲜？

鲜食玉米含水量高，采收后其生命活动仍十分活跃。在自然条件下存放，会因糖分和蛋白质的迅速转化而导致品质快速下降，货架寿命极短，这限制了其在采收、流通和销售中的时间。速冻和真空保鲜是目前主要的仓储保鲜手段，既能最大限度保持玉米的营养和风味，也便于大批量、规模化生产，延长市场供应周期，满足消费者需求。

94. 鲜食玉米保鲜技术的关键环节有哪些？

·采收时机：应在乳熟末期到蜡熟初期采收，此时籽粒浆液黏稠，尚未完全硬化，手感微软，含水量约为70%。一般在授粉后20 ～ 28天（视品种而定）采收，不同采收时间影响果穗的含糖量和黏度，从而直接影响口感。

·运输：采收后应避免过夜存放，并迅速运输到加工地点。需避免阳光直射，控制运输温度，在3小时内送达为宜。

·堆放与加工时间：采收后应立即预冷，或摊放在凉爽通风处，避免堆积。低温存放能减缓呼吸作用和糖分转化速率。通常需在采收后10小时内完成加工，如麦当劳、肯德基等要求鲜食玉米从采收到冷藏加工不超过6小时，且不能过夜。

·选穗与分级：剔除杂粒多、虫害和霉变的果穗。对秃尖或虫害的玉米可切除有问题的部分，并按果穗大小分级，由专职质检人员确保质量。

·蒸煮加工设备和技术：根据玉米的成熟度调整蒸煮时间，100℃下蒸煮25～40分钟。蒸煮后的风冷需注意防止蝇虫污染。

·速冻冷藏温度：优先采用风冷降温，预冷至玉米轴温度达-30℃后进行速冻，温度控制在-35℃以下，确保10小时内玉米轴心温度降至-10℃以下。包装后立即存入-18℃以下冷库，防止水分流失。

·真空保鲜：与速冻保鲜类似，关键在于袋内气压达到0.4Pa，确保品质。

·卫生与食品安全：整个保鲜环节须严格卫生控制，确保农药使用符合规定，并在采收前达到药剂安全间隔期，保障食品安全。

95. 什么是鲜食玉米的冷藏保鲜技术？

冷藏保鲜技术通过降低温度来减缓鲜食玉米的呼吸作用，抑制其生理代谢，延缓衰老过程。这种方法简单便捷，是鲜食玉米最常用的保鲜方式之一。研究表明，将鲜食玉米贮藏在4℃条件下能有效减缓其生理变化，使其更适合长期保存，从而保持较好的口感和营养。

96. 什么是鲜食玉米的速冻加工技术？

速冻加工技术是鲜食玉米加工的重要方式之一，其流程包括去皮及去除花丝、表面清洗、蒸煮、沥水速冻和整理包装。在沥水速冻环节，玉米被置于 $-30 \sim -40℃$ 的冷冻设备中，使细胞内水分快速结冰，从而锁住玉米的营养和风味。速冻加工的关键在于快速降温，避免细胞结构损伤，保证玉米品质。

97. 如何解决鲜食玉米包装过程中的营养流失问题？

在鲜食玉米的加工包装过程中，营养流失是一个关键问题。为减少营养流失，可采用营养浸泡法，即将鲜食玉米浸泡在富含柠檬酸钠和维生素C的营养液中，使鲜食玉米在加工前吸收这些营养物质，进而减少在包装、存储过程中的营养流失。

98. 鲜食玉米收获后加工情况如何分析？

鲜食玉米收获后加工产品种类繁多，分为初级加工和深加工两类。初级加工产品包括速冻玉米粒、玉米段、保鲜玉米果穗、真空包装玉米穗、玉米糁、玉米面、玉米碴和玉米片等；深加工产品则包括玉米罐头、玉米饼干、玉米糕点、玉米胚芽油、爆米花、玉米羹、玉米沙拉等食品，以及浓缩玉米汁、常温玉米汁、玉米乳等饮品。此外，通过精加工还可以制成玉米脆片、玉米汤圆、软质面包、玉米果冻、速溶玉米粉、复合营养玉米糊和玉米冰淇淋等多样化产品，为消费者提供丰富的选择。

99. 鲜食玉米收获后加工的难点有哪些？

·加工技术相对落后：农产品的产后处理技术较为原始，烘干、储藏、保鲜等环节中的损失大大降低了增产效果。

·设备简陋：农户普遍缺乏专业加工设备和技术指导，导致鲜食玉米的产后处理效率和质量难以提升。

·过度加工问题：精细加工产品受欢迎，但过度加工可能导致浪费，这在鲜食玉米的产后加工中尤为显著。

100. 鲜食玉米收获后加工的发展方向有哪些？

·改善储粮条件：推广标准化储粮设施，如高大平房仓，配备先进的内环流控温技术以减少损失率。

·强化技术研发：提升机收精度，减少因机械收获造成的损失；引进半链轨橡胶履带收获机等新设备，有效降低极端天气带来的损失。

·普及机收减损常识：通过农技培训班推广农机减损知识，帮助农民选择适合的机型和方法以降低收获损耗。

·提升设备和技术水平：引进先进的烘干、储藏和保鲜设备，提升鲜食玉米的产后处理水平，减少损失，进一步延长保质期，增强市场竞争力。

参考文献

[1] 杨曙辉, 李江, 王桂平, 等. 云南高原特色鲜食玉米产业绿色持续与高质高效发展[J]. 中国种业, 2021, (12): 31-36.

[2] 宋俏姮, 杨跃华, 高必军, 等. 推动四川鲜食玉米产业绿色发展的对策建议[J]. 中国种业, 2020(2): 25-27.

[3] 冯素芬, 许蕊淇, 尹雪, 等. 云南省鲜食玉米育种、开发现状及发展方向[J]. 中国种业, 2021(5): 20-24.

[4] 闫重波. 浅谈鲜食玉米种植的发展前景及栽培管理技术[J].河南农业, 2022, (7): 42-43.

[5] 陈永欣, 董立红, 翟广谦, 等.鲜食糯玉米果穗等级划分[J].农产品加工, 2016, (18): 46-47, 50.

[6] 刘学铭, 陈智毅, 唐道邦. 甜玉米的营养功能成分、生物活性及保鲜加工研究进展[J].广东农业科学, 2010, 37(12): 90-94.

[7] 王奕娇, 张庆柱, 朱金鸣. 我国玉米深加工现状及其发展建议[J]. 农机化研究, 2010, 32(9): 245-248.

[8] 司婉芳. 鲜食玉米保鲜包装技术及包装材料研究[D]. 上海海洋大学, 2019.

[9] 徐为, 郭兴东. 影响鲜食糯玉米质量的技术因素[J]. 种子科技, 2017, 35(4): 58, 60.

[10] 赵琳, 陈玉, 骆乐谈, 等. 不同保鲜方式下鲜食玉米品质变化规律的研究[J]. 食品安全质量检测学报, 2024, 15(8): 22-32.

[11] 张绍宇, 孙玉文. 鲜食玉米保鲜加工及产业化关键技术[J]. 种子科技, 2020, 38(13): 29-30.

[12] 顾善忠, 梁宇锋. 影响鲜食超甜玉米商品性的因素及高效高产栽培[J]. 上海农业科技, 2002, (6): 78-79.

鲜食玉米科普 100 问